☆ 孩子的第一本認識軍人繪本 ☆

即刻救援的

陸上英雄

★ ★ ★

企劃 小木馬編輯團隊

作者 王致凱　繪者 沈恩民

我ㄨㄛˇ有ㄧㄡˇ一ㄧ個ㄍㄜˋ萬ㄨㄢˋ能ㄋㄥˊ的ㄉㄜ爺ㄧㄝˊ爺ㄧㄝˊ。

爺ㄧㄝˊ爺ㄧㄝˊ個ㄍㄜˋ性ㄒㄧㄥˋ很ㄏㄣˇ開ㄎㄞ朗ㄌㄤˇ，臉ㄌㄧㄢˇ上ㄕㄤˋ常ㄔㄤˊ常ㄔㄤˊ掛ㄍㄨㄚˋ著ㄓㄜ大ㄉㄚˋ大ㄉㄚˋ的ㄉㄜ笑ㄒㄧㄠˋ容ㄖㄨㄥˊ，
對ㄉㄨㄟˋ每ㄇㄟˇ個ㄍㄜˋ人ㄖㄣˊ都ㄉㄡ很ㄏㄣˇ和ㄏㄜˊ氣ㄑㄧˋ。

安ㄢ安ㄢ，今ㄐㄧㄣ天ㄊㄧㄢ想ㄒㄧㄤˇ聽ㄊㄧㄥ
什ㄕㄣˊ麼ㄇㄜ故ㄍㄨˋ事ㄕˋ啊ㄚ？

我的爺爺是軍人，跟我的海軍爸爸不一樣，爺爺是陸軍特戰部隊，退伍後加入了義消特搜隊，像上班族一樣忙碌。

不過我每天都可以去找他玩，一起唱歌，或是聽他說故事。

在特搜隊裡，爺爺不只是協助救火，還曾幫忙搜尋受困山裡的登山者，或是拯救溺水的人；還有一次，強烈的地震震倒了大樓，爺爺也立刻出動，到現場協助救難。

媽媽常勸爺爺應該多休息，免得大家擔心。

爺爺總是說：「雖然我現在是榮民了，但我還是可以貢獻我的能力，繼續守護大家。」

每年的十月十日，是爺爺非常重視的日子。他會提早起床，慎重整裝，讓自己看起來精神百倍，就像年輕時當軍人的樣子。

爺爺說，國慶日是紀念我們中華民國是亞洲第一個民主國家的日子。每一年的慶祝活動，代表我們又過了可以安心生活、開心上學的一年。

我和爺爺來到總統府，總統府前聚集好多軍人展開盛大表演。我的大伯也是軍人，正在場上賣力表現，向大家展現特戰部隊的精實戰力。

爺爺說，軍人的生活看起來很枯燥單調，但是他們一直不斷的訓練、學習，為的就是熟悉所有技能，保護台灣這塊土地上的大家，每一天都可以安心生活。

原來軍人是以日復一日的
訓練，來守護我的每一天，
我覺得他們的生活一點也
不平凡。

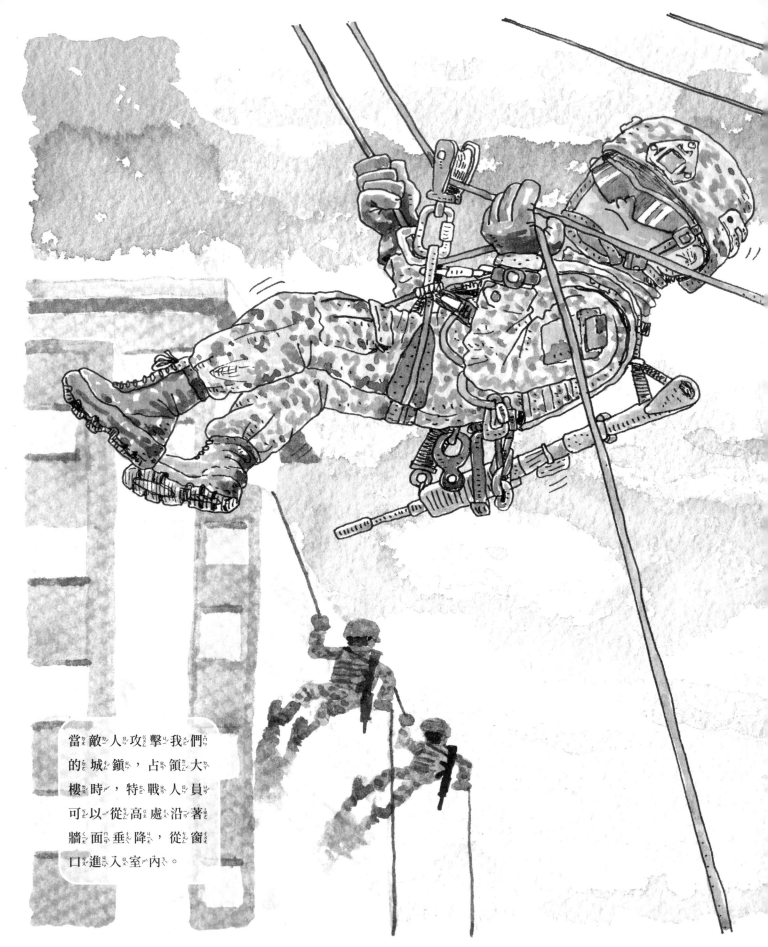

當敵人攻擊我們的城鎮，占領大樓時，特戰人員可以從高處沿著牆面垂降，從窗口進入室內。

在我心目中，大伯像個武俠高手，只要利用各種繩結及特殊的裝備，就能飛簷走壁。

遇到高山、峽谷等特殊地形，繩索可以取代車子，幫助特戰人員通過困難的地形。

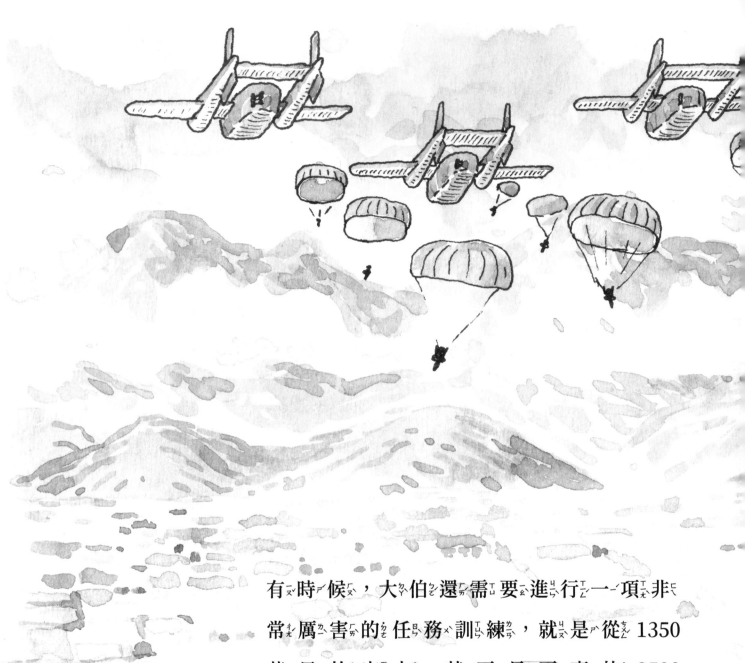

有時候，大伯還需要進行一項非常厲害的任務訓練，就是從 1350 英尺的空中，甚至是更高的 2500 英尺，從飛機上往下跳傘。

當他從飛機上俯視地面，台灣這塊土地上的所有人、事、物，變得好小好小，好珍貴。

空降是為了進入難以到達的地點，先行抵達偵查情況或是安排任務。

除了平時的任務訓練，

陸軍特戰部隊也經常要支援救災。

某一次的颱風天，當時
強烈的颱風導致蘇花
公路坍方，路面也被大
量土石掩埋，有好多人
被困住，軍隊在第一時
間前往救難，大伯也在
其中，不過當時大伯沒
有跟家人說。

就在他冒著風雨、腳踩著土堆前進時，一塊巨石從上方崩落，差那麼一點點就砸到他身上。

爺爺知道這件事後，好一段時間都不說話。

直到大伯回家時，爺爺才拍拍大伯的肩膀說：「孩子，這真的是很危險的任務啊，你知道我很擔心你嗎？」

爺爺把自己的青春奉獻給國家，就是希望保護自己的家人，大伯、爸爸和爺爺都一樣選擇軍人這個工作，爺爺心裡既驕傲，卻又難免擔心。

「爸，您是我的榜樣，」大伯說，「從小我就告訴自己，要成為像您一樣勇敢又堅強的軍人。」

守護國家和家人，是爺爺這輩子最重要的事。

爺爺老了，大伯也決定用自己的一輩子持續爺爺的夢想。

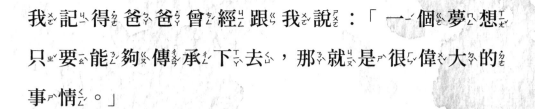

我記得爸爸曾經跟我說：「一個夢想只要能夠傳承下去，那就是很偉大的事情。」

我ㄨㄛˇ現ㄒㄧㄢˋ在ㄗㄞˋ知ㄓ道ㄉㄠˋ，我ㄨㄛˇ平ㄆㄧㄥˊ凡ㄈㄢˊ的ㄉㄜ˙每ㄇㄟˇ一ㄧ天ㄊㄧㄢ很ㄏㄣˇ珍ㄓㄣ貴ㄍㄨㄟˋ。

因ㄧㄣ為ㄨㄟˋ每ㄇㄟˇ分ㄈㄣ每ㄇㄟˇ秒ㄇㄧㄠˇ都ㄉㄡ是ㄕˋ我ㄨㄛˇ的ㄉㄜ˙家ㄐㄧㄚ人ㄖㄣˊ，也ㄧㄝˇ是ㄕˋ守ㄕㄡˇ護ㄏㄨˋ我ㄨㄛˇ們ㄇㄣ˙國ㄍㄨㄛˊ家ㄐㄧㄚ的ㄉㄜ˙軍ㄐㄩㄣ人ㄖㄣˊ努ㄋㄨˇ力ㄌㄧˋ捍ㄏㄢˋ衛ㄨㄟˋ而ㄦˊ來ㄌㄞˊ。

即ㄐㄧˊ便ㄅㄧㄢˋ是ㄕˋ像ㄒㄧㄤˋ爺ㄧㄝˊ爺ㄧㄝˊ一ㄧ樣ㄧㄤˋ退ㄊㄨㄟˋ伍ㄨˇ以ㄧˇ後ㄏㄡˋ，也ㄧㄝˇ不ㄅㄨˋ會ㄏㄨㄟˋ停ㄊㄧㄥˊ止ㄓˇ。

Q 軍人的職位有哪些呢？「退伍」又是什麼意思？

軍人是一種職業，有士兵、士官和軍官，可以從它們服裝上的臂章看到代表的軍階。

「退伍」則是指軍人離開軍隊，沒有軍人的身分，回到社會中成為一般的公民。而服役滿 10 年以上，或是退伍後持續為國家貢獻等符合某些條件的軍人，也被賦予「榮譽國民」的身分，也就是我們常聽到的「榮民」。

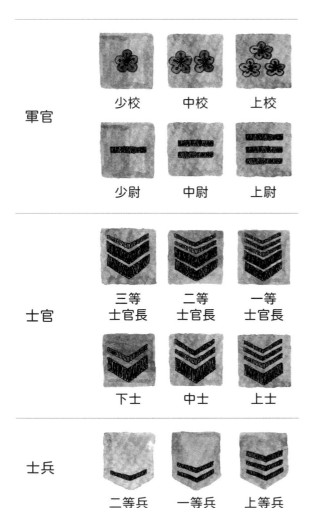

軍官	少校	中校	上校
	少尉	中尉	上尉
士官	三等士官長	二等士官長	一等士官長
	下士	中士	上士
士兵	二等兵	一等兵	上等兵

Q 軍人要怎麼學會跳傘？

除了特戰部隊，陸軍也有傘兵，傘兵會先在「陸軍空降訓練中心」做陸地上的跳傘訓練，熟悉裝備，並在跳台上做跳傘步驟訓練，通過才會進行機上跳傘訓練。

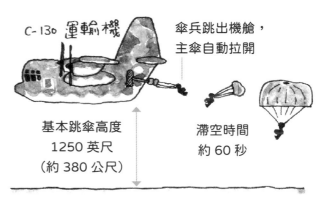

C-130 運輸機

傘兵跳出機艙，主傘自動拉開

基本跳傘高度
1250 英尺
（約 380 公尺）

滯空時間
約 60 秒

跳傘裝備

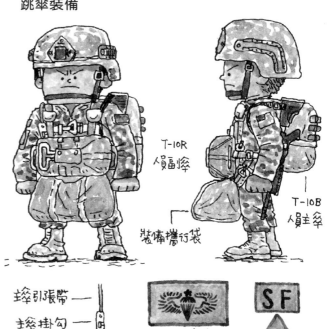

T-10R 人員副傘

T-10B 人員主傘

裝備攜行袋

傘引張帶 ——
主傘掛勾 ——
副傘拉把

初級傘徽

Special Forces
特戰部隊臂章

Q 萬一發生戰爭時該怎麼辦？

發生戰爭時，最重要的是逃難保命，有幾個大原則要記得：

① 注意防空警報

當防空警報響起，應該立即前往避難所避難。

③ 緊急避難包

平時準備好緊急避難包。避難包中應該要有飲用水、罐頭、餅乾，還有保暖的衣物與毛毯，最好還有緊急藥品和證件。

② 臨時避難所

平時就可以多注意居家周圍有沒有「臨時避難所」，除了防空洞之外，學校的地下室也是避難所，或是可以上國防部官網查詢「防空疏散避難專區」，就可以查到住家附近的避難所位置。

④ 準備好收音機

當戰爭發生時，通訊設備、電力、網路都會被率先攻擊，收音機的無線廣播可以在當下接收訊息。

編者的話

致上最敬禮，謝謝三軍英雄！

★ ★ ★

這本書的出版發行，是台灣第一本將保家衛國的三軍以及每位軍人背後的家人，其生活與心境呈現在孩子面前的繪本，也是童書出版的里程碑。

我們所生活的這塊島嶼，因為獨特的歷史和地理位置，始終是不同勢力覬覦之處；而在島上生活的我們，偶爾也會撞見防禦工事，像是營區、雷達站、飛航基地，有時則看到戰機升空、軍艦停泊港口，更不用說島內演習或是媒體上披露的各種針對台灣島的軍事活動。國防是我們生活中極為重要的一環，國防的核心除了軍備，還有每一位在崗位上執行任務的軍人。然而這個和我們生存與生活息息相關的一群人，在台灣本土童書出版的板塊中，卻是始終不曾被正視與討論的主題。

《孩子的第一本認識軍人繪本──即刻救援的陸上英雄》是小木馬編輯部連同作、繪者進入營區採訪現役軍人，經由嚴謹的編寫校對而完成。特別感謝榮民榮眷基金會與國防部的大力支持與協調，感謝陸軍特種作戰指揮部朱樑森士官長，及陸軍少校退伍、擔任義消特搜隊的楊繼中榮民爺爺受訪，協助我們更加了解軍人的任務、心境以及獨特的家庭關係，每一段訪問都讓編輯團隊感動不已，我們也希望能將這份感動如實的傳遞給我們的孩子。

故事裡的主角，小學生安安正在學習如何勇敢、如何強大，如同他從事軍職的家人們一樣。藉由這本書的出版，我們也想說：謝謝守護台灣島的國軍，讓我們的孩子可以安心的學習和成長。

小木馬總編輯──陳怡璇

★ ★ ★

★作者
王致凱

熱愛台灣南部，卻長期居住北部的屏東人。喜歡閱讀小說，也愛看漫畫、動畫，覺得幸福就是能夠沉浸在各類型的故事中。曾任兒童雜誌編輯十餘年，最愛將各種奇奇怪怪的知識，簡化成小學生能夠一目了然的文字。最希望可以用簡單的文字寫出精采的故事。

★繪者
沈恩民

彰化人，1980 年出生。台灣科技大學工商業設計系畢。曾於網路行銷公司擔任美術設計、在 istock、shutterstock 販售插圖。喜歡大自然，近年開始帶著畫筆進入山裡，與台灣千里步道協會、林務局、台灣山岳雜誌有多次合作經驗，並經營粉絲專頁 MINNAZOO。圖書作品《山教我的事》獲得第 45 屆金鼎獎圖書類兒童及少年圖書獎、第 43 次中小學生讀物人文社科類推介。插畫作品有《淡蘭古道》插圖、《山椒魚來了》電影海報等。

孩子的第一本認識軍人繪本 2
即刻救援的陸上英雄

企　　劃	小木馬編輯團隊	2023（民 112）年 10 月初版一刷
作　　者	王致凱	定價 380 元
繪　　者	沈恩民	ISBN ／ 978-626-977-515-6
		978-626-314-513-2（PDF）
總 編 輯	陳怡璇	978-626 314-514-9（EPUB）
副總編輯	胡儀芬	
美術設計	蔡尚儒	**特別感謝／財團法人榮民榮眷基金會**
專書支持	財團法人榮民榮眷基金會	**提供專業諮詢、協助採訪**
出　　版	小木馬／木馬文化事業股份有限公司	
發　　行	遠足文化事業股份有限公司（讀書共和國出版集團）	有著作權・翻印必究
地　　址	231 新北市新店區民權路 108-4 號 8 樓	
電　　話	02-2218-1417	
傳　　真	02-8667-1065	
E m a i l	service@bookrep.com.tw	
郵撥帳號	19588272 木馬文化事業股份有限公司	
客服專線	0800-2210-29	
法律顧問	華洋法律事務所　蘇文生律師	
印　　刷	呈靖彩藝有限公司